Maged Hassanien

Grenzen und Möglichkeiten des Weiterbildungscontrollings / Bildungscontrollings in kleinen und mittleren Unternehmen

SCIENTIA
Das interdisziplinäre Wissenschaftsjournal
Sonderdruck 1/2016

Arbeitsgemeinschaft für internationale Beziehungen
Cooperation for international relations

Marosi Verlag, Dr. phil. Silvia Marosi

Bibliographische Information der Deutschen Nationalbibliothek
Die Deutsche Nationalbibliothek verzeichnet diese Publikation in der Deutschen Nationalbibliographie. Detaillierte bibliographische Daten sind im Internet über http://dnb.d-nb.de abrufbar.

Dr. phil. Silvia Marosi, Ludwigshafen am Rhein
marosiverlag@gmx.de &
Arbeitsgemeinschaft für internationale Beziehungen
Cooperation for international relations
Unterheide 25, D-46519 Alpen

Druck: Books on Demand GmbH, Norderstedt
Printed in Germany 2016

ISBN 978-3-945636-09-1

Herausgeber	Arbeitsgemeinschaft für internationale Beziehungen Cooperation for international relations Unterheide 25, D-46519 Alpen rs8227@bdvb.de
Redaktionsleitung	Prof. Dr. Norbert Kapferer, Berlin und Breslau, Lehrstuhl für internationale Beziehungen in Breslau (V.i.S.d.P.) Dr. oec. Rainer Schreiber (V.i.S.d.P.)
Ausführende Redakteurin/Verlag	Dr. phil. Silvia Marosi, Marosi Verlag, Ludwigshafen

Inhalt

1. Einführung in das Thema – Bedeutung der betrieblichen Weiterbildung, besonders in den kleinen und mittleren Unternehmen 7

1.1 Relevanz 14
1.2 Effektivität 15
1.3 Effizienz 16
1.4 Performance 17

2. Trend/Zukunft der Weiterbildung und die Notwendigkeit eines Bildungscontrollings 20

2.1 Steigerung der Attraktivität beruflicher Bildung 21
2.2 Durchlässigkeit gestalten 22
2.3 Steigerung der Weiterbildungsbeteiligung 23
2.4 Internationalisierung der Berufsbildung 24
2.5 Entwicklung des betrieblichen Ausbildungsangebots 25
2.6 Perspektiven durch berufliche Weiterbildung und lebenslanges Lernen fördern – Durchlässigkeit im Bildungssystem voranbringen 27
2.7 Bildungspolitische Zielsetzung 30
2.8 Weiterbildung ausbauen 30

3. Methoden zur Messung des Weiterbildungserfolgs 32

3.1 Bildungsbudget und Bildungskosten prüfen, messen und kontrollieren 33
3.2 Kosten-Nutzen-Berechnungen (ROI=Return on Investment) zur Sicherung des Unternehmenserfolgs 35

4. Qualitätskontrolle – Qualitätszirkel als Handlungsempfehlung für das Weiterbildungscontrolling zur Realisierung der Weiterbildungsmaßnahmen in KMU´s 42

5. Fazit 47

Literatur 49

Grenzen und Möglichkeiten des Weiterbildungscontrollings/Bildungscontrollings in kleinen und mittleren Unternehmen

Maged Hassanien
hassanien@hlft.hessen.de; Bereichskoordinator Weiterbildungen Wirtschaft – Land Hessen; Deutschland

1. Einführung in das Thema – Bedeutung der betrieblichen Weiterbildung, besonders in den kleinen und mittleren Unternehmen

Niemand würde eine neue Niederlassung gründen oder ein neues Produkt auf den Markt bringen, ohne sich zu vergewissern, dass sich dies rechnet. Bei Schulungen in Unternehmen ist dies meist anders. Oft bleibt unklar, ob das letzte SAP-Seminar reine Zeitverschwendung war, welchen Beitrag die kürzlich durchgeführten Rhetoriktrainings zum Unternehmenserfolg lieferten und ob die Weiterbildungsabteilung effizient arbeitet. Kaum ein Personalentwicklungsverantwortlicher wagt eine verbindlichere Aussage als „Investments in training are assumed to have positive returns"[1] – hier wird klar herausgestellt, dass jede Weiterbildungsmaßnahme einen „Sinn" ergeben muss – zum einen Sinn für den Mitarbeiter, der echte Weiterbildung erfährt, und zum anderen für das Unternehmen, das einen wirklich weitergebildeten Mitarbeiter besitzt, der dem Unternehmen einen „Mehrwert" im Sinne der Wertschöpfung erbringt.

---

[1] BÜSER, T.; GÜLPEN, B.: Rendite durch ein dreitägiges Training?. – In: GUST, M.; WEIß, R.: *Praxishandbuch: Bildungscontrolling für exzellente Personalarbeit, Methoden, Instrumente, Unternehmenspraxis*. – USA, Europa, 2010, S. 58.

Dies sind kleine Beispiele für Probleme, die Bildungscontrolling lösen soll und die nicht nur in wirtschaftlich schwierigen Zeiten relevant für die 75,3% der Unternehmen sind, die betriebliche Weiterbildung durchführen.[2] Der Wunsch vieler Unternehmen, ihre Investitionen in das Wissen der Mitarbeiter transparent machen und ökonomisch rechtfertigen zu können, ist nachvollziehbar, betrachtet man die Investitionshöhen: Der Weiterbildungsmarkt hatte 2013 ein Volumen von ca. 6,5 Mrd. EUR.[3] Pro Kopf gerechnet investieren 2000 deutsche Unternehmen durchschnittlich 624 EUR pro Beschäftigten in Lehrveranstaltungen.[4]

Das Wissen und die Qualifikation der Mitarbeiter sind im Zeitalter von immer kürzer werdenden Produktlebenszyklen, schnellen technologischen Entwicklungen, hoher Wettbewerbsintensität und hohen Innovationsgraden zentrale Wachstums- und Wettbewerbsfaktoren jeder Unternehmung.[5] Die Bildung von Mitarbeitern spielt hierbei eine zentrale Rolle. Sie hat die Aufgabe, die Fähigkeiten und Fertigkeiten der Mitarbeiter an bestehende und künftige Anforderungen am Arbeitsplatz anzupassen. Hasselborn und Kollegen[6] haben hierfür eine treffende Formulierung gefunden: *„Ohne Ökonomität keine Bildung und ohne Bildung keine Ökonomität!"* Damit sagen die Autoren aus, dass ohne die Investition in Bildungsmaßnahmen die Aufgabenerfüllung am Arbeitsplatz für Mitarbeiter zunehmend schwieriger bis unmöglich wird. Durchlaufen sowohl Mitarbeiter als auch Führungskräfte keine Bildungsmaßnahmen, das heißt werden ihre Fähigkeiten und Kenntnisse nicht den zukünftigen Anforderungen angepasst, kann die betriebliche Leistungsfähigkeit auf Dauer nicht aufrechterhalten werden.

---

[2] STATISTISCHES BUNDESAMT: *Statistisches Jahrbuch für die Bundesrepublik Deutschland.* – Wiesbaden, 2014, S. 144.

[3] BIBB: *Datenreport zum Berufsbildungsreport.* – Bertelsmann Verlag, Bielefeld, 2013, S. 114.

[4] Ebenda

[5] Ebenda

[6] HASSELBORN, M.; BAETHGE, M.; FÜSSEL, H.-P.; HETMEIER, H.-W.; KÜHNE, S.; MAAZ, K.; RAUSCHENBACH, T.; ROCKMANN, U.; SEEBER, S.; WOLTER, A.: *Bildungsberichterstattung, Bildung in Deutschland.* – Kohlhammer Verlag, 2014, S. 140 ff.

Insgesamt gesehen geht es nicht nur um Bildungsmaßnahmen im rein fachlichen Bereich, die den Betrieb technisch und kaufmännisch nach „vorne“ bringen – es geht auch um Weiterbildungsmaßnahmen, die indirekt sichtbar werden – wie zum Beispiel Sprachen, Rhetorik- und Präsentationsfähigkeiten, interkulturelle Fähigkeiten (kultur- und länderethnologische Kenntnisse) und soziale Fähigkeiten (teamorientierte Arbeitsweisen, Zusammenarbeit im Projektverfahren etc.). Diese Bildungsmaßnahmen sind nicht mit einem 2-tägigen Seminar „abgehandelt“ – diese Fähigkeiten müssen oft gelehrt und trainiert sowie intern gelebt werden. Das heißt ebenso, dass die Mitarbeiter, die weitergebildet werden, ihre Fähigkeiten auch am Arbeitsplatz anwenden können und hierdurch (und durch ihre Vorgesetzten) gefördert und motiviert werden. Die Ergebnisse dieser Bildungsmaßnahmen können erst nach Jahren sichtbar werden – somit ist kurzfristig keine Erfolgssicherung möglich und es entsteht der Eindruck, dass diese Bildungsmaßnahmen im Bereich der sogenannten „Soft Skills“ nur ein interessantes „Incentive“ für die Mitarbeiter waren oder nur eine Maßnahme unter vielen. Natürlich ist jedem Vorgesetzten klar, dass ein Exportkaufmann mindestens zwei Sprachen beherrschen sollte, um echten Erfolg im Auslandsgeschäft zu erbringen – natürlich ist jedem Personalentwickler klar, dass dieser Mitarbeiter auch im interkulturellen Bereich des jeweiligen Exportlandes kundig sein sollte, um erfolgreich zu verhandeln, zu überzeugen und Verträge abzuschließen – und dennoch wird gerade der Sprachenbereich sehr stiefmütterlich behandelt, weil der sichtbare Erfolg erst Jahre später gemessen / gesehen werden kann, da dieser Exportkaufmann nun z.B. Abschlüsse mit ausländischen Geschäftspartnern durchführen kann, die einen echten Euro-Wert ersichtlich machen.

Wenn man sich diese Beispiele der Weiterbildung ansieht, kommt sofort die Sichtweise auf, dass die Bildung natürlich strategisch zu sehen ist. Man kann nicht eine geschäftliche problembehaftete Situation klären, indem man kurzfristig einen Mitarbeiter auf ein Seminar schickt und dieser dann anschließend das technische Problem z.B. löst. Die Bildung ist langfristig anzulegen – das Unternehmen muss seine Ziele langfristig ausrichten – langfristig seine Produkte und Dienstleistungen planen – langfristig seine Finanzen planen etc. Und genau hier liegt das Problem der kleinen und mittleren Unternehmen – können sie bei den angesprochenen immer kürzer werdenden Produktlebenszyklen und schneller wachsenden Märkten diese langfristige (5-10 Jahre minimum) Sichtweise auch erreichen.

Kleine und mittlere Unternehmen können naturgemäß eher mittelfristig planen – langfristige Finanzplanungen sind bezüglich der Eigenkapitaldeckungen in der Regel nicht möglich. Die langfristigen Bildungsplanungen bezüglich der Personalentwicklungsplanungen der Mitarbeiter sind für die KMU´s nicht zu bewerkstelligen – da die Mitarbeiter meistens nach einigen Jahren in größere Unternehmen wechseln, in denen sie sich längerfristige und besser bezahlte Arbeitsplatzmöglichkeiten versprechen. Familien- und Traditionsunternehmen im KMU-Bereich sind die einzigen Unternehmen in diesem Bereich, die sich langfristiger Belegschaft erfreuen können. Fazit ist hierbei, dass sie sich langfristige Gedanken bezüglich der Bildung ihrer Mitarbeiter machen müssen, um eigenes Potenzial für die Zukunft zu generieren – da der Arbeitsmarkt zur gleichen Zeit keine ausreichenden Fachkräfte langfristig hergibt. Vor allem die Arbeitskräfte, die schnell, gut ausgebildet und zukunftsorientiert einzusetzen sind. Somit müssen die eigenen und auch die älteren Mitarbeiter langfristig in die Personalentwicklung einbezogen werden.

Weiterhin kommt aktuell und künftig die immer weiter anwachsende Globalisierung (Freihandelsabkommen TTIP, CETA, TISS) zum Zuge – das heißt, dass die KMU´s mit noch mehr Konkurrenz zu kämpfen haben – also nicht nur mit technischen Neuerungen und Innovationen, die durch die Globalisierungswellen gefördert werden, sondern auch mit einem immer größer werdenden Wirtschaftsraum ist hier zu konkurrieren. Und jeder Personalentwickler weiß, dass auch dementsprechend der Arbeitsmarkt, der natürlich auch stets globalisiert wird, immer mehr Konkurrenz für die KMU´s hervorbringt. Die sehr gut ausgebildeten Arbeitskräfte gehen naturgemäß vorrangig zu solchen Unternehmen, die „besser“ bezahlen und dann noch „andere“ Annehmlichkeiten bieten können. Somit ist es aktuell und künftig mehr denn je wichtig für die KMU´s, ihre vorhandenen Mitarbeiter für den zukünftigen Marktwandel konkurrenzfähig zu machen – durch geplante und langfristig angelegte Weiterbildungsmaßnahmen.

Ebenso ist zu beachten – gerade für die kleinen und mittleren Unternehmen – dass die Erstausbildungsinstitutionen (in aller Regel Berufsschulen, Fachhochschulen, Universitäten) nur mittelfristige Nachhaltigkeit haben – das heißt, dass maximal 5-7 Jahre nach der Erstausbildung das gelernte Wissen eine Halbwertszeit besitzt. Das Basiswissen wird in der Erstausbildung angelegt, aber z.B. durch einen Bachelorabschluss wird keine längerfristige und aktuelle Wissensqualität gewährleistet, so dass hier – gerade z.B. im technischen Bereich – eine auffrischende, ergänzende etc. Weiterbildung erfolgen muss. Die KMU´s müssen in dieser Situation genau diese Laufbahnplanung langfristig in ihrem Weiterbildungsportfolio eingeplant haben, um in naher bis mittlerer Zukunft konkurrenzfähige Mitarbeiter in ihrem Unternehmen zu haben.

Die großen Unternehmen können in dieser Situation ihre langfristigen Ausbildungsplanungen mit erfolgreichen und kurzfristig zu realisierenden Personaleinstellungen ausgleichen – je nach Bedarf – da sie die finanziellen Möglichkeiten für gut ausgebildetes Personal bereitstellen können.

Unter dem Gesichtspunkt der Wirtschaftlichkeit von Bildungsinvestitionen stehen die Bildungsabteilungen innerhalb einer Unternehmung vor der Aufgabe, neben den meist äußerst intensiven Kosten der Bildung auch deren Ergebnisse transparent zu machen und einen Erfolgsnachweis zu erbringen, um ebendiese Investitionen zu rechtfertigen. Dies stellt sich in einem qualitativen Bereich wie dem Bildungssektor als besonders schwierig dar.

Diese und andere Faktoren haben dazu geführt, dass das Controllingdenken auch in den Bildungssektor übertragen wurde. Aus den Bedürfnissen der Praxis heraus ist das Bildungscontrolling entstanden, das seit Mitte der 90er Jahre als relativ junge Disziplin ein geeignetes Verfahren darstellt, um die Effizienz und Effektivität betrieblicher Bildungsmaßnahmen nachzuweisen.[7]

Dabei wird das Bildungscontrolling nicht nur auf die Bildungsmaßnahmen beschränkt, sondern auf den gesamten Bildungsprozess bezogen, angefangen bei der Festlegung von Bildungszielen bis hin zur Anwendung des Gelernten im Arbeitsfeld.

Aus diesen kleinen Gedankenspielen lässt sich schon gut erkennen, dass dieses Bildungsthema nicht eindeutig fassbar ist – das heißt es bestehen zu viele verschiedene Ansichten bezüglich der Begrifflichkeiten, des Bildungsrahmens, der Messbarkeitsarten, Messbarkeit, Nutzen des Bildungscontrollings etc.

Somit soll sich im nächsten Schritt die Ausgangslage des Bildungssektors vor Augen gehalten werden, um sich in die Weiterbildungssituation und deren Bedeutung sowie Hintergründe hineinzuversetzen.

Bildungs- und Personalarbeit sind kein Selbstzweck, sondern müssen einen Beitrag zur Realisierung betrieblicher Ziele leisten. Dies ist eigentlich nichts Neues, doch kommt dieser Anforderung heute eine sehr viel größere Bedeutung bei. Eine bloße Erfolgsbehauptung oder der Anspruch einer innovativen, qualitativ anspruchsvollen Weiterbildung reichen längst nicht mehr aus. Verlangt wird vom Management ein konkreter Erfolgsnachweis. Die Bildungsverantwortlichen müssen mit anderen Worten deutlich machen, welchen Beitrag sie für die Geschäftsprozesse geleistet haben und inwieweit durch Weiterbildung ein Mehrwert entstanden ist.

---

[7] SCHÖNI, W.: *Handbuch Bildungscontrolling – Steuerung von Bildungsprozessen in Unternehmen und Bildungsinstitutionen.* – Ruegger Verlag, 2009, S. 56.

Angesichts begrenzter finanzieller und personeller Ressourcen auf der einen und einem weiterhin hohen Weiterbildungsbedarf auf der anderen Seite gilt es nach Möglichkeiten zu suchen, Weiterbildung und Personalentwicklung so zu organisieren, dass die Weiterbildung bedarfsspezifisch, Just-in-Time, qualitativ hochwertig, kostengünstig und zugleich hoch wirksam ist.[8]

Der Erfolg von Weiterbildung und Personalentwicklung kann an verschiedenen Indikatoren abgelesen werden. Weiterbildung soll strategisch ausgerichtet und folglich relevant für das Erreichen dieser Ziele sein. Weiterbildung soll wirtschaftlich, effektiv und effizient durchgeführt werden und sich letztlich auch im Erfolg des Unternehmens niederschlagen.[9] Es ist offenkundig, dass diese unterschiedlichen Definitionen von Erfolg unterschiedliche Instrumente und Herangehensweisen erforderlich machen. Hinzu kommt, dass die verschiedenen Indikatoren für die jeweiligen Akteure im Unternehmen im unterschiedlichen Maße steuer- und beeinflussbar sind. Nunmehr wird die Erwartung an das Bildungsmanagement sehr „hoch gehängt“ – denn nun sollen die Weiterbildungsprozesse nach Effektivität und Effizienz überprüft und dargestellt werden – sowie hierzu ein permanentes Konzept zur Messung des Erfolges. Das heißt, dass Instrumente im Bildungsmanagement bereitgestellt werden, die permanent mit den richtigen Informationen versorgt

---

[8] KORFF, M: *Personalentwicklung in der Kommunalverwaltung.* – Igel Verlag, 2014, S. 56 ff. / LAU, V.: *Personalentwicklung: Grundlagen, Prozesse, Outsourcing.* – Steinbeis Edition, 2012, S. 81 ff. / MEIFERT, M.: *Strategische Personalentwicklung.* – Springer Gabler Verlag, 2013, S. 62 ff. / MÜLLER, V.: *Arbeitnehmerentwicklung und Arbeitnehmerführung durch interne und externe Weiterbildungsmaßnahmen.* – GRIN Verlag, 2013, S. 43 ff.

[9] GESSLER, M.: *Handlungsfelder des Bildungsmanagements.* – Münster, 2009, S. 87 ff. / WOLF, D.: *Bildungscontrolling – Einordnung und Implementierung der Messung von Bildungsprozessen in die Unternehmenspraxis.* – GRIN Verlag, 2013, S. 41 ff. / WEBER, B.: *Evaluation Betrieblicher Weiterbildung: Entwicklung von Messinstrumenten für das strategische Bildungscontrolling.* – Bildungswert-Verlag, 2014, S. 34 ff. / ARNOLD, R.: *Von der Erfolgskontrolle zur entwicklungsorientierten Evaluierung.* – In: MÜNCH, J. (Hrsg.): *Ökonomie betrieblicher Bildungsarbeit.* – Schneider Hohengehren Verlag, 2009, S. 15 ff.

werden müssen, um die Lernprozesse auf Wertschöpfungseffekte (strategische Sinnhaftigkeit und Ausrichtung) zu überprüfen und ein Controlling-System zu entwickeln, das nachweisen kann, dass die Weiterbildung im Unternehmen erfolgreich für die Mitarbeiter (pädagogischer Erfolg) und erfolgreich für das/den strategische/n Unternehmensziel/-erfolg ist (betriebswirt. Erfolg).

1.1 Relevanz

Grundlegend ist zu prüfen, ob die angestrebten Ziele der Weiterbildung/Personalentwicklung für das Unternehmen bedeutsam, ob sie also mit den strategischen und operativen Zielen in Einklang stehen. Darüber kann letztlich nicht abstrakt im Wege eines Ableitungsmechanismus, sondern nur konkret aufgrund von Gesprächen mit den Entscheidern und im Wege von Verhandlungen mit den internen Kunden entschieden werden. Die Bildungsverantwortlichen[10] müssen daher in engem Kontakt mit den Entscheidungsträgern stehen und möglichst frühzeitig in strategische Planungen einbezogen werden. Die Erfahrung zeigt, dass dies oftmals nicht gewährleistet ist und die Bildungsplanung relativ losgelöst von den strategischen Entscheidungen abläuft. Diese Erfahrungen haben besonders Großbetriebe, die Bildungsplanung im Rahmen der „Personalabteilung“ und im Rahmen von „Budgetierungsgesprächen“[11] mit der Personalabteilung führen. Im Großen und Ganzen werden hauptsächlich Kosten und Maximalkosten besprochen und strategisch geplant. Man kann hierbei nicht abstreiten, dass natürlich auch die „großen strategischen“ Bildungsmaßnahmen ins Auge gefasst werden, aber stets aus betriebswirtschaftlichen Gründen und selten nach strategischen Bildungsprozessen, Nutzenaspekten oder Erfolgskriterien für das Unternehmen. Somit sind ebenso die Klein- und Mittelständler[12]

---

[10] Weiß, R.: *Bildungsmanagement in betrieblichen Weiterbildungsabteilungen.* – USP International Verlag, 2009, S. 58 ff.

[11] Ebenda

[12] Loebe, H.; Severing, E.: *Forschungsinstitut Betriebliche Bildung, Qualifizierungsberatung in KMU: Förderung systematischer Personalentwicklung.* – Bertelsmann Verlag, Bielefeld, 2012, S. 26 ff.

mit weniger als 50 Mitarbeitern in diesem Sinne betroffen, denn diese haben keine speziellen Personalressourcen für das Bildungsmanagement und sehen die Bildungsmaßnahmen meist nur operativ und somit kurzfristig. In diesen Unternehmen haben die Kosten die oberste Priorität und ebenso die wichtigste Entscheidungsfindung der Machbarkeit.

1.2 EFFEKTIVITÄT

Erfolg von Weiterbildung meint sodann, dass die intendierten Lernziele oder Ziele von Maßnahmen und Programmen auch erreicht werden. Die Effektivität beschreibt, in welchem Ausmaß dies gelungen ist. Dies setzt Klarheit darüber voraus, was eigentlich durch Weiterbildung erreicht werden soll. Die Effektivität von Weiterbildung kann daher vor allem durch die Überprüfung des Lern- und Transfererfolgs[13] gemessen werden. Dies ist vor allem ein Gegenstand der pädagogischen Evaluation. Sie widmet sich der Analyse und Planung von Bildungsmaßnahmen, dem Lernprozess, dem Lernerfolg, dem Lerntransfer sowie der Ebene Organisationsentwicklung. Hierzu ist ein fest etabliertes System eines Bildungsmanagements notwendig, das einen Bildungsprozess beschreibt, diesen etabliert und permanent auf Einhaltung und Erfolg „controlled“/steuert.[14] Dies wird in den Großbetrieben meistens betrieben, da diese in den Personalentwicklungen die notwendigen finanziellen und personellen Mitteln vorhalten können. Aber die klein- und[15] mittelständigen Unternehmen haben in der Regel kein Bildungsma-

---

[13] FRITZ, L.: *Bildungscontrolling: Ein wichtiger Bereich der Personalentwicklung.* – Diplomica Verlag, 2012, S. 63 ff. / GESSLER, M. (2009): *Handlungsfelder des Bildungsmanagements*, a.a.O., S. 63 ff.

[14] GESSLER, M.: *Handlungsfelder des Bildungsmanagements*, a.a.O., S. 87 ff. / EICHENBERG, M.: *Qualitätssicherung in der Personalentwicklung und ihr Transfer.* – 2013, S. 44 ff.

[15] BOHLANDER, H.W.; HÖLBING, G.; STÖßEL: *Bildungscontrolling: Erfolg messbar machen.* – ZBW Verlag, 2009, S. 82 ff. / Beicht, U.; KREKEL, E.: *Bedeutung des Bildungscontrollings in der betrieblichen Praxis – Ergebnisse einer schriftlichen Betriebsbefragung.* – Bertelsmann Verlag, Bielefeld, S. 101 ff.

nagement, das permanent relevante Informationen bezüglich Effektivität der Bildungsmaßnahmen generiert und auf betrieblichen Erfolg auswertet.

1.3 Effizienz

Ziele können in der Regel auf unterschiedlichem Wege und durch unterschiedliche Maßnahmen oder organisatorische Arrangements erreicht werden. Unterschiedliche Maßnahmen unterscheiden sich sowohl in ihrer Wirkung wie auch im erforderlichen Ressourceneinsatz. Unter Effizienzgesichtspunkten ist daher die Ziel-Mittel-Relation entscheidend. Zu prüfen ist, ob der Mitteleinsatz wirtschaftlich zu rechtfertigen ist, ob es alternative Möglichkeiten der Zielerreichung gibt und mit welchen Konsequenzen diese Alternativen im Hinblick auf die Zielerreichung und den Mitteleinsatz verbunden sind. In der Praxis müssen Bildungsprozesse und Bildungstransfer[16] (-erfolg) gemessen werden – zum einen gemessen an pädagogischem Erfolg („Hat der Mitarbeiter etwas gelernt? – Wendet er dies auch an?) und zum anderen gemessen an dem wirtschaftlichen (Zielerreichungs-) Erfolg – d.h. „Ist das Budget nicht überschritten worden?“ – „Hat das Unternehmen etwas von dem Bildungstransfer?“ – Genau diese Messungen bedürfen eines Bildungsmanagements, das diese Informationen beschreibt, generiert und bezüglich strategischer / operativer Planung auswertet und controlled / steuert. Diese Controlling-Performance ist den Klein- und Mittelstandsbetrieben nahezu verwehrt[17], da sie kaum in der Lage sind, hier die Daten und

---

[16] Käpplinger, B.: *Kosten und Nutzen in der betrieblichen Weiterbildung: Bildungscontrolling = Kostencontrolling?*. – Bertelsmann, Bielefeld, 2009, S. 91 ff. / Kauffeld, S.: *Nachhaltige Weiterbildung. Betriebliche Seminare und Trainings entwickeln, Erfolge messen, Transfer sichern.* – Springer Verlag, 2010, S. 35 ff. / Krekel, E.; Seusing, B.: *Bildungscontrolling – ein Konzept zur Optimierung der betrieblichen Weiterbildung.* – Bertelsmann Verlag, Bielefeld, 2001, S. 66 ff. / Lang, K.: *Bildungs-Controlling – Personalentwicklung effizient planen, steuern und kontrollieren.* – Linde Verlag, 2006, S. 84ff. / Stangler, M.: *Die Steuerung und Kontrolle von Lernprozessen in Unternehmungen.* – GRIN Verlag, 2011, S. 23 ff. / Weber, B. (2008): Evaluation Betrieblicher Weiterbildung, a.a.O., S. 46 ff.

[17] Käpplinger (Report 13/2009): BIBB, Bundesinstitut für Berufsbildung, S. 15 ff.

Maßnahmen zu etablieren, zu erheben und auszuwerten, um ein effektives und effizientes Bildungscontrolling auszubauen, das auch eine Nachhaltigkeit beschreiben würde, da es strategisch und permanent ausgerichtet ist.

1.4 Performance

Für das Management ist demgegenüber vor allem entscheidungsrelevant, inwieweit die Maßnahmen der Weiterbildung / Personalentwicklung dazu beigetragen haben, die Leistungsfähigkeit und / oder Wettbewerbsfähigkeit des Unternehmens zu verbessern. Dies erfordert das Herstellen von Bezügen zwischen den eingeleiteten Maßnahmen und Programmen, dem Verbrauch an Ressourcen sowie den dadurch erzielten Unternehmensergebnissen.

Bei der Messung in diesen vier Feldern besteht allerdings ein grundlegendes Dilemma: Ziele, die relativ leicht zu überprüfen sind, nämlich die Zufriedenheit der Teilnehmer oder auch der Lernerfolg, sind für die Entscheider in den Unternehmen von eher geringer Bedeutung. Wichtig für sie wären ökonomische Indikatoren, die belegen, dass Weiterbildung sich für das Unternehmen rechnet, das heißt mit entsprechenden Produktivitätsvorteilen, Qualitätsgewinnen oder der Erschließung von Marktpotenzialen verbunden ist. Angesichts der Komplexität von internen und externen Prozessen und Einflussfaktoren erscheint dies als eine fast unlösbare Aufgabe. Bildungsleute tun sich regelmäßig schwer damit, weil sich die Sinnhaftigkeit und die Qualität von Bildungsarbeit nicht allein nach ihrem Beitrag zum (kurzfristigen) Unternehmenserfolg bemessen lassen. Die Wirklichkeit ist jedoch längst darüber hinweggegangen und verlangt nach überzeugenden Erfolgsnachweisen.

Ein Erfolgsnachweis wird vom Einsatz des Controllings erwartet[18]. Darunter kann allgemein ein funktionsübergreifendes Steuerungssystem verstanden werden, das den unternehmerischen Entscheidungs- und

---

[18] Käpplinger, B. (2009): *Kosten und Nutzen in der betrieblichen Weiterbildung*, a.a.O., S. 91 ff. ; Kauffeld, S. (2010): *Nachhaltige Weiterbildung*, a.a.O.

Steuerungsprozess durch zielgerichtete Informationen unterstützt. Angewandt auf die Personalarbeit versteht man das Personalcontrolling als ein planungsorientiertes, integriertes Evaluationsinstrument zur Optimierung des Nutzens der Personalarbeit. Entsprechend kann Bildungscontrolling als ein kundenorientiertes, ganzheitliches Planungs-, Analyse- und Steuerungssystem für Bildungsinvestitionen verstanden werden[19]. Es dient der Erzielung strategischer Wettbewerbsvorteile durch optimal entwickelte Human-Ressources.

Die weitergehende Untersuchung der positiven Effekte von Weiterbildung für das Unternehmen findet hingegen ausschließlich in Großbetrieben statt. Strategische Überlegungen und die „wirksame" Einbindung der Weiterbildung und der Personalentwicklung in diese Zielsetzungen werden nur von 10% der Unternehmen praktiziert.[20] Dementsprechend messen wenige Unternehmen den Transfererfolg von Lerninhalten einer Maßnahme in die betriebliche Praxis.

Bildungscontrolling ist inzwischen in Großbetrieben am weitesten entwickelt.[21] Der Abstand zu den Vorreitern dieser Entwicklung scheint aufgrund der zum Teil immensen Investitionen für die computerunterstützten Elemente immer größer zu werden. Der Unterschied ist so deutlich, dass dieser kaum aufgeholt werden kann. Um Aussagen über den Return on Investment von Bildung und der Rendite von Wissen machen zu können, kommen in diesen wenigen Unternehmen sehr aufwendige „Learning Management Systeme" mit integrierten „Management-

[19] WEBER, B. (2008): *Evaluation Betrieblicher Weiterbildung*, a.a.O., S. 46 ff. / WEHRLIN, U.: *Human Resource Management: Grundlagen und Konzepte moderner Personalarbeit im wirtschaftlichen und sozialen Kontext*. – Optimus Mostafa Verlag, 2014, S. 16 ff. / ZIEGLER, V.: *Ökonomie der Investition in Fortbildung aus Unternehmersicht*. – GRIN Verlag, 2013, S. 29 ff.

[20] KÄPPLINGER (Report 13/2009): BIBB, Bundesinstitut für Berufsbildung, S. 15 ff.

[21] Ebenda, S. 15 ff.

Cockpits“ auf der Basis von „Learning-Scorecards“ und „rollenspezifischen Kenngrößen“ zum Einsatz.[22] Solche Investitionen in die Weiterbildungssteuerung lohnen sich aktuell nur für die Großunternehmen – die kleinen und mittleren Unternehmen müssen diese „Performance“ anders lösen. Die Hintergründe für diese Entwicklung in kleinen, mittleren Unternehmen ist, wie bereits benannt, sehr pragmatisch – den meisten Unternehmen fehlen die finanziellen Mittel, um den Erfolg von Bildung derartig finanzkräftig zu belegen. Die Hochschulen haben in der Vergangenheit nur wenig Hilfestellung leisten können, weil Bildungscontrolling gerade für KMU nur an sehr wenigen Hochschulen Bestandteil des Curriculums ist. Die wenigen Fachbereiche, die sich damit beschäftigen, sind in ihren Fragestellungen häufig auf die Großbetriebe fixiert (größere empirische Untersuchungsfelder) und so spezialisiert, dass die Ergebnisse z.B. von Promotionsarbeiten für die Praxis kaum geeignet waren. Es fehlt ganz wesentlich an standardisierten Konzepten und an ökonomisch vertretbaren Instrumenten gerade für die KMU.[23]

Somit sind aktuell mehrere „Baustellen“ bezüglich des Bildungsmanagements und der Bildungserfolgsmessung in KMU vorhanden:

a. Darstellung der Bildungsprozesse
b. Darstellung und Messung der Effektivität und Effizienz
c. Bildungsverantwortliche und Bildungsinhalte zu den Bildungsprozessen darstellen
d. Messung des Bildungstransfers
e. Standardisierte Messinhalte des Bildungserfolgs
f. Praktikable und „kostengünstige“ Controlling-Performance

---

[22] SCHÜBBE, F.: *Personalkennzahlen: Vom Zahlenfriedhof zum Management-Dashboard.* – Bertelsmann Verlag, Bielefeld, 2011, S. 85 ff.

[23] BUNDESMINISTERIUM FÜR BILDUNG UND FORSCHUNG: *Berufsbildungsbericht 2014, Wichtigkeit der Messung von Weiterbildungsmaßnahmen in Unternehmen.* – Berlin, 2014, S. 166 ff. / KÄPPLINGER (Report 13/2009): BIBB, Bundesinstitut für Berufsbildung, S. 8 ff.

2. Trend / Zukunft der Weiterbildung und die Notwendigkeit eines Bildungscontrollings

Dieser Arbeitsabschnitt basiert auf den nationalen und europäischen Ergebnissen der Bildungsforschung im Rahmen der Weiterbildung. Das Bundesministerium für Bildung und Forschung (BIBB)[24] gibt jedes Jahr diesen Bildungsbericht heraus – er soll Tendenzen und die neuesten Ergebnisse in Deutschland und in Europa bezüglich der Bildung, Weiterbildung, Ausbildung, Schulentwicklung etc. und bestimmte Annahmen für die Zukunft aufzeigen.

Für diese Arbeitsuntersuchungen sind gewisse Ergebnisse bezüglich der Weiterbildung interessant, da sie Aufschluss über die zukünftigen Aktivitäten, Notwendigkeit und Trends der Weiterbildung geben: Zum einen wichtige Ergebnisse bezüglich der staatlichen Unterstützung für die Weiterbildungsaktivitäten, da diese maßgeblich für eine notwendige Etablierung eines Bildungscontrollings in Unternehmen sind. Zum anderen, wie die allgemeine Aus- und Weiterbildungssituation im europäischen Raum vor dem Hintergrund der demographischen und wirtschaftlichen Entwicklung aussieht.

Vor allem sind die Fragen von Bedeutung, welche Fachkräfte benötigt werden, welche im Überfluss vorhanden sind, wie alt die aktiv Beschäftigten werden, wie schnell aus- und weitergebildet werden muss, wer diese Aktivitäten finanziert, ob es andere Möglichkeiten der Weiterbildung als die bisher klassischen gibt etc. – all dies berücksichtigt ändert sich das unternehmerische Weiterbildungsverhalten und entsprechend auch die Grundlagen für die Bildungssteuerung in Unternehmen und weiterhin das Ausmaß und **die** Notwendigkeit eines Bildungscontrollings auch in kleineren und mittleren Unternehmen.[25]

---

[24] Bundesministerium für Bildung und Forschung: *Berufsbildungsbericht 2014, a.a.O.*

[25] Ebenda; eigene Erfahrungen und Umfragen im Rahmen dieser Arbeit.

2.1 Steigerung der Attraktivität beruflicher Bildung[26]

„Vor dem Hintergrund der demografischen Entwicklung und der Neigung der Jugendlichen zu höheren Schulabschlüssen ist es im Wettbewerb um beste Köpfe erforderlich, auch leistungsstarke Jugendliche gezielt für die Aus- und Weiterbildung zu gewinnen – beispielsweise Schulabgänger/-innen mit Hochschulreife, Studienabbrecher mit auf die Berufsbildung anrechenbaren Vorqualifikationen oder Bachelor-Absolventen, denen Anschlussoptionen für Fortbildungen eröffnet werden sollen.

Gerade auch mit Blick auf die anstehenden Unternehmensnachfolgen kann hier eine leistungsfähige Klientel mit attraktiven Zukunftsperspektiven gewonnen werden. “

Somit ist deutlich, dass die Unternehmen auf diese Situation rechtzeitig weiterbildungsorientiert reagieren müssen, um diese Personenkreise „mit ins Boot“ zu holen und ihnen Perspektiven zu geben, die entsprechend wirtschaftlich genutzt werden können. Ein Bildungscontrolling mit den richtigen Parametern zur Messung der Effektivität ist in dieser Situation unabdingbar.

„Entscheidend für die Attraktivität der beruflichen Aus-/Weiterbildung ist, welche weiteren Bildungs- und Berufsperspektiven damit verbunden sind. Das vielfältige System der beruflichen Aufstiegsförderung u.a. mit den Abschlüssen zu Fachwirten, Fachkaufleuten, Meistern, Fachmeistern und Betriebswirten bietet hier Entwicklungspfade, die auch Alternativen zu einem Hochschulstudium darstellen. Es zeigt sich, dass die Absolventen dieser Fortbildungen in der Regel aufsteigen und höhere Einkommen erzielen.

Die Bundesregierung wird auch weiterhin gemeinsam mit den Sozialpartnern dieses System der geregelten Fortbildung weiterentwickeln.

---

[26] Bundesministerium für Bildung und Forschung: *Berufsbildungsbericht 2014*, a.a.O., S.8.

Gemeinsam wird damit deutlich gemacht: Berufliche Bildung ist ein attraktiver Bildungsweg, der den Zugang auch für höhere Fach- und Führungsaufgaben eröffnet."

Hier wird deutlich unterstrichen, dass die berufliche Weiterbildung zukünftig mit höheren Einkommen honoriert wird. Die Unternehmen, die weiterbilden, und die Beschäftigten, die sich weiterbilden, haben einen gegenseitigen Nutzen, so dass dies entscheidend für die wirtschaftliche Entwicklung für den Standort Deutschland sein wird. Hier muss durch einen zeitgemäßen Bildungsprozess die entsprechende Bildung / Qualifikation hervorgebracht werden, die benötigt wird und auch Perspektiven für die Einzelnen erbringt.

2.2 Durchlässigkeit gestalten[27]

„Aufgrund der steigenden Anforderungen der Arbeitswelt, der Notwendigkeit der Fachkräftesicherung, aber auch des bildungspolitischen Ziels, alle Menschen ihren Fähigkeiten entsprechend optimal zu fördern, wird die Bundesregierung die Durchlässigkeit zwischen beruflicher und akademischer Bildung weiter verbessern."

Auch auf diese bildungspolitische Entscheidung müssen die Unternehmen reagieren – denn zukünftig werden mehr ältere Arbeitnehmer, die grundsätzlich einen soliden Beruf erlernt haben, mit akademischen Weiterqualifikationen auf dem Arbeitsmarkt erscheinen oder in den Betrieben benötigt werden. Hierzu ist es notwendig, die Wirksamkeit in der Weiterbildung nachzuhalten, zu steuern und ebenso den Transfer in den Arbeitsbereich zu sichern (durch z.B. akademisch ausgebildetes Personal etc.) – dies gelingt nur durch ein vorher etabliertes Bildungscontrolling, das jede Bildungsphase permanent begleitet und steuert sowie gegensteuert – ein zentrales Thema des Bildungsmanagements.

[27] Ebenda, S.9

2.3 Steigerung der Weiterbildungsbeteiligung[28]

„Die Weiterbildungsbeteiligung der 18 bis 64jährigen Bevölkerung in Deutschland ist zuletzt auf rund 50% gestiegen, das Engagement der Betriebe, die die überwiegenden Kosten für die betriebliche Weiterbildung finanzieren, ist hoch.

[...] Vermittlung von Grundbildung ist auch im Zusammenhang der Qualifizierung von An- oder Ungelernten im Rahmen der beruflichen Weiterbildung wichtig.

Vor dem Hintergrund der demografischen Entwicklung und der Notwendigkeit, sich für Beruf und Arbeitswelt länger fit zu halten, ist es notwendig, die erreichte hohe Weiterbildungsbeteiligung nachhaltig zu sichern. Der Koalitionsvertrag misst dem Thema „Weiterbildung ausbauen" hohe Bedeutung zu. Um es dem einzelnen zu ermöglichen, qualitativ gute Weiterbildungsangebote zu nutzen, müssen Transparenz, Qualität und Verwertbarkeit von Weiterbildungsangeboten weiter verbessert werden.

Verfahren zur Validierung und Zertifizierung non-formaler und informell erworbener Kompetenzen sind zu entwickeln und zu implementieren. Das Gesetz zur Anerkennung von im Ausland erworbenen Qualifikationen hat gezeigt, dass Menschen ohne formalen deutschen Berufsabschluss sehr wohl über ein hohes Potenzial verfügen. Außerdem ist die Weiterbildungsforschung auszubauen und u.a. der Frage nachzugehen, mit welchen (innovativen) Lernformen lernungewohnte und ältere Menschen mit Angeboten erreicht werden können. Außerdem müssen Angebote und Strukturen dahingehend verbessert werden, dass auch in der Weiterbildung eine bessere Vereinbarkeit mit den Anforderungen von Familien erreicht wird."

[28] Ebenda, S.9ff.

Die Bundesregierung macht klar, dass Weiterbildung in jeglicher Ausrichtung weitergedacht werden muss – und entsprechend der Weiterbildungsforschung weiterhin unterzogen werden sollte.

Die älteren Beschäftigten, die sich auch noch mit 50 oder 55 oder mit 60 Jahren weiterbilden wollen / müssen, sind einzubinden und ihnen ist es zu ermöglichen, dass sie ebenso eine passgerechte Weiterbildung erhalten können.

Die Bildungsforschung, im speziellen die Weiterbildungsforschung, sollte im Prozess der Lern(aneignungs)phase kreativer sein und es gerade älteren und lernungewohnten Menschen ermöglichen, am Weiterbildungsprozess teilzunehmen und diesen effektiv in den Arbeitsbereich zu transferieren – nämlich durch die richtigen, benötigten Weiterbildungen (Bedarfsplanung) und verwertbare Lernprozesse (effiziente Lernbildung). Dies muss in den Unternehmen begleitend und permanent gesteuert werden, so dass diese Bildungsprozesse zeitgemäß, fachgerecht und für die betriebliche Wertschöpfung relevant sind. Dies kann nur durch ein praktikables Bildungscontrolling funktionieren.

2.4 Internationalisierung der Berufsbildung[29]

„Auch in der neuen Legislaturperiode hat die internationale Kooperation in der Berufsbildung einen hohen Stellenwert.

Das BMBF (Bundesministerium für Bildung und Forschung) wird daher bei der Modernisierung der Aus- und Weiterbildung konsequent interkulturelle Kompetenzen und internationale Qualifikationsentwicklungen berücksichtigen, die Mobilität junger Menschen besonders in der beruflichen Ausbildung erhöhen und die Transparenz, Anrechenbarkeit und Akzeptanz von Qualifikationen im europäischen Bildungsraum durch aktive Nutzung der europäischen Initiativen [...] unterstützen.“

---

[29] Ebenda, S. 10ff.

In diesem Abschnitt sieht man, welches Ausmaß die Weiterbildung erfährt – europaweite Kooperationen, Anerkennung der Abschlüsse und europaweite Qualifikationsentwicklungen – dies muss zu einem abgestimmten und planerisch begleiteten Bildungsprozess über die Unternehmensgrenzen hinaus geschehen. Das heißt im Umkehrschluss, dass die Unternehmen ihren Bildungsprozess mit den volkswirtschaftlichen Bedürfnissen abstimmen und sich an diese anpassen müssen, um wettbewerbsfähig zu bleiben und hierbei die qualifizierten Beschäftigten zu gewinnen. Dies bedarf natürlich einer controllingbegleitenden Bildungsprozessgestaltung.

2.5 Entwicklung des betrieblichen Ausbildungsangebots[30]

„Angesichts zunehmender Schwierigkeiten der Betriebe, ihre angebotenen Ausbildungsstellen zu besetzen, ist neben der Entwicklung der Zahl der neu abgeschlossenen Ausbildungsverträge auch die Entwicklung des betrieblichen Ausbildungsangebots von Interesse. Hier werden neben den neu abgeschlossenen betrieblichen Ausbildungsverträgen auch die bei der BA (Bundesagentur für Arbeit) gemeldeten unbesetzten Berufsausbildungsstellen berücksichtigt.

Von den 564.248 Ausbildungsangeboten 2013 waren bundesweit 542.569 betrieblich. Verglichen mit dem Vorjahr ist das betriebliche Ausbildungsangebot um 16.059 (-2,9%) zurückgegangen (Abbildung 15) – sie zeigt die Entwicklung des betrieblichen Ausbildungsangebots nach Zuständigkeitsbereichen. Demnach ging das betriebliche Ausbildungsangebot am stärksten im Zuständigkeitsbereich Industrie und Handel zurück (-13.064 bzw. -3,9%). Das Handwerk verzeichnet einen Rückgang um 1.965 (-1,3%). Im öffentlichen Dienst und in der Landwirtschaft wurden etwas mehr betriebliche Ausbildungsangebote registriert als im Vorjahr.

[30] Ebenda, S. 24ff.

	2009	2010	2011	2012	2013	Entwicklung 2013 zu 2012	
Deutschland	535.761	538.522	568.609	558.628	542.569	-16.059	-2,9%
Industrie- und Handel	318.985	320.342	344.533	338.841	325.777	-13.064	-3,9%
Handwerk	143.719	145.948	151.265	147.036	145.071	-1.965	-1,3%
Öffentlicher Dienst	13.732	13.689	12.460	12.196	12.324	128	1,0%
Landwirtschaft	12.797	12.523	12.628	12.474	12.522	48	0,4%
Sonstige Stellen[1)]	46.528	46.020	47.723	48.081	46.875	-1.206	-2,5%
Alte Länder	456.920	461.649	490.572	481.774	468.899	-12.875	-2,7%
Industrie- und Handel	269.752	273.034	295.528	290.724	280.472	-10.252	-3,5%
Handwerk	125.091	127.008	132.315	128.547	126.944	-1.603	-1,2%
Öffentlicher Dienst	10.587	10.824	9.962	9.677	9.732	55	0,6%
Landwirtschaft	10.362	10.034	10.353	10.078	10.087	9	0,1%
Sonstige Stellen[1)]	41.128	40.749	42.413	42.748	41.664	-1.084	-2,5%
Neue Länder	78.711	76.758	77.904	76.732	73.598	-3.134	-4,1%
Industrie- und Handel	49.151	47.218	48.912	48.037	45.238	-2.799	-5,8%
Handwerk	18.627	18.936	18.950	18.488	18.126	-362	-2,0%
Öffentlicher Dienst	3.145	2.865	2.498	2.519	2.592	73	2,9%
Landwirtschaft	2.435	2.489	2.275	2.396	2.435	39	1,6%
Sonstige Stellen[1)]	5.353	5.250	5.267	5.292	5.207	-85	-1,6%

[1)] Eine weitere Differenzierung ist an dieser Stelle nicht möglich.

Abbildung 1: Entwicklung des betrieblichen Ausbildungsangebots nach Zuständigkeitsbereichen[31]

Zu berücksichtigen ist, dass hier nur diejenigen unbesetzten Berufsausbildungsstellen berücksichtigt werden können, die der BA auch gemeldet wurden.“

Die Unternehmen haben zunehmend Schwierigkeiten, ihre Ausbildungsplätze zu besetzen, und zwar mangels geeigneter Bewerber und Qualifikation der Bewerber – wiederum gehen im Bereich der Industrie und im Handel die Ausbildungsangebote zurück – das heißt, dass diese Bereiche andere Qualifikationsbereiche benötigen und somit die bisherigen Angebote in der Ausbildung zurückgehen; gleichzeitig können die Qualifikationsbereiche, die man hier benötigt, aus besagten Gründen nicht besetzt werden.

Dieser Umstand kann nur positiv beeinflusst werden, wenn intern Parameter für die Bedarfsmessung rechtzeitig vorhanden sind und in diesem

[31] BUNDESINSTITUT FÜR BERUFSBILDUNG: *Statistik der Bundesagentur für Arbeit, Erhebung zum 30. September 2013, Berechnungen des BIBB 2014.* – Berlin 2014, S. 24

Bereich Gegensteuerungsmaßnahmen eingeleitet werden, um die Mitarbeiter adäquat weiterzubilden und diese effektiv in den benötigten Arbeitsbereich zu integrieren. Anhand eines Bildungscontrollings, der die Bedarfsphase operativ wie strategisch begleitet, kann diesem Umstand entgegengewirkt werden.

2.6 Perspektiven durch berufliche Weiterbildung und lebenslanges Lernen fördern – Durchlässigkeit im Bildungssystem voranbringen[32]

„Die Zukunft des Wirtschaftsstandorts Deutschland hängt in entscheidendem Maße von der guten Bildung und Qualifikation seiner Fachkräfte ab. Das ist nicht nur eine Aufgabe guter Schul- und Berufsausbildung, sondern zunehmend des lebenslangen beruflichen Weiterlernens. Immer kürzere Innovationszyklen, neue technische Entwicklungen und eine stärkere Globalisierung der Märkte erfordern, dass die Erwachsenen jeden Alters sich lebensbegleitend weiterbilden und die Anforderungen einer sich rasch entwickelnden Berufs- und Lebenswelt bewältigen. Lebenslanges Lernen wird somit ein entscheidender Faktor für die bedarfsgerechte Verfügbarkeit von Fachkräften, die individuelle Persönlichkeitsentwicklung wie auch die Partizipation des Einzelnen im Beschäftigungssystem.

Darüber hinaus fördert die demografische Entwicklung in Deutschland den Bedeutungszuwachs der beruflichen Weiterbildung. Denn zur Erschließung von Potenzialen für qualifizierte Facharbeit geht es zusätzlich darum, insbesondere gering Qualifizierte stärker für berufliche Weiterbildung zu motivieren und ihren Zugang zu Weiterbildungsangeboten zu verbessern.

Vor diesem Hintergrund rücken berufliche, betriebliche und auch allgemeine Weiterbildung zunehmend in den Fokus der Bildungspolitik, um die Weiterbildungsbeteiligung insgesamt zu erhöhen, die Teilnahme

---

[32] Bundesministerium für Bildung und Forschung: *Berufsbildungsbericht 2014*, a.a.O., S. 102ff.

bislang unterrepräsentierter Bevölkerungsgruppen zu steigern sowie die organisatorische und inhaltliche Gestaltung der Weiterbildung zu verbessern.

Die demografische Entwicklung wird Deutschland in den kommenden Jahrzehnten tiefgreifend verändern. Die Bevölkerung altert und schrumpft und die Gesellschaft wird vielfältiger. Fragen der Weitergabe von Erfahrung und des Wissenstransfers zwischen den Generationen gewinnen an Gewicht.

Die Weiterbildungsbeteiligung der 18 bis 64jährigen Bevölkerung in Deutschland hat im Jahr 2012 mit 49% ihren bisherigen Höchststand erreicht. Das geht aus dem aktuellen europäischen Adult Education Survey 2012 (AES) hervor, der in Deutschland von TNS Infratest Sozialforschung im Auftrag des BMBF durchgeführt wurde. Etwas mehr als ein Drittel der 18 bis 64jährigen hat an betrieblicher Weiterbildung teilgenommen. Die betriebliche Weiterbildung hat entscheidend zur Steigerung der Weiterbildungsbeteiligung in den letzten Jahren beigetragen. Arbeitgeber übernahmen für fast sieben von zehn Weiterbildungsaktivitäten die direkten Weiterbildungskosten bzw. deren Durchführung erfolgte ganz oder teilweise während der Arbeitszeit.

Die betrieblich finanzierte Weiterbildung ist gemessen an diesen Ergebnissen ein wichtiger Teil des lebenslangen Lernens. Aus der vierten europäischen Erhebung zur betrieblichen Weiterbildung (CVTS4) geht hervor, dass im Jahr 2010, 73% der Unternehmen in Deutschland Weiterbildung in Form von Kursen oder anderen Formen anboten (+4 %), die Teilnahmequote der Beschäftigten an Weiterbildungskursen um 9% auf 39% anstieg und sich auch die betrieblichen Ausgaben für Weiterbildung auf 0,8 % (von 0,6% in 2005) der Gesamtarbeitskosten erhöht haben. Im Vergleich mit den anderen teilnehmenden Ländern nahm Deutschland damit 2010 wie bereits 2005 einen Platz im Mittelfeld ein.

Kleine Unternehmen sind meist weniger weiterbildungsaktiv als große Unternehmen, bieten sie jedoch Weiterbildung an, beziehen sie wie die großen Unternehmen fast die Hälfte ihrer Beschäftigten in die Maßnahmen ein.

Es wird in den kommenden Jahren daher darum gehen, den aktuell positiven Trend der Beteiligung an Weiterbildung zu befördern und die Rahmenbedingungen für aktive Weiterbildungsbeteiligung inner- und außerhalb der Betriebe weiter zu verbessern. Bedingung dafür ist es, die positiven Perspektiven und Chancen der Weiterbildung für den Einzelnen, die Unternehmen und Sozialpartner sichtbar zu machen. Besondere Aufmerksamkeit ist dabei auf Menschen mit geringem Qualifikationsniveau, bei denen die Weiterbildungsbeteiligung bislang am geringsten ist, zu legen sowie auf die spezifischen Anforderungen in kleineren und mittelständischen Unternehmen."

Die Weiterbildung wird der zentrale Anker in der Bildungspolitik in Deutschland und Europa bleiben / sein, wenn es gilt, die Unternehmen auf ein hohes fachliches Niveau zu bringen und dort zu halten.

Die Unternehmen budgetieren sehr viel finanzielle Mittel, um ihr Personal fachlich zu qualifizieren – sie müssen den Nutzen den investierten Mitteln gegenüberstellen, da die Weiterbildungskosten in den nächsten Jahren stetig steigen werden.

Die Weiterqualifikation wird pro Beschäftigten meist nicht nur einmal erfolgen, sondern im Durchschnitt drei bis viermal nach einer Berufsausbildung, und es wird Beschäftigte treffen, die meist schon über 50 Jahre alt sind sowie gering Qualifizierte. So werden nicht nur Mehrkosten auf die Betriebe zukommen – sie müssen auch planen, welche Beschäftigte (Teilnehmerstrukturen) zu welchem Zeitpunkt mit der adäquaten Weiterbildung (Bedarfsplanung) gefördert werden müssen. Entsprechend muss eine Bildungsstrategie im Unternehmen vorhanden sein, die langfristig (längerfristig) (ca. 3-8 Jahre) angelegt ist, um z.B. mit dem demografischen, technischen etc. Wandel Schritt zu halten.

Ebenso ist mit dem demografischen Wandel die andere und altersgerechte Arbeitsplatzgestaltung notwendig, die wiederum zeitlich und finanziell geplant werden muss – hiermit ist in einem Controllingsystem eine operative Planung notwendig, um diese Maßnahmen im Rahmen der Bildungsstrategie durchzuführen.

Hierbei müssen die kleineren und mittleren Unternehmen aktiver werden, denn auch sie müssen eine Bildungsstrategie und eine operative Bildungspolitik durchführen, um die „guten Köpfe" auf dem Arbeitsmarkt oder im eigenen Unternehmen für sich zu gewinnen.

Eine Bildungsstrategie und operative Planung sowie operative Steuerung sollte in einem den Bildungsprozess begleitenden Controlling eingebettet sein.

2.7 Bildungspolitische Zielsetzung[33]

„Das Förderprogramm „Lernen vor Ort" hat zum Ziel, regionale bzw. lokale Bildungsstrukturen zu stärken und ein kommunales Bildungsmanagement zu entwickeln, dessen Teile systematisch aufeinander abgestimmt sind (Bildungsplanung, Durchführung, Steuerung, Kontrolle), damit den Bürgern ein erfolgreicher Verlauf ihrer Bildungsbiographien ermöglicht werden kann.[...]."

2.8 Weiterbildung ausbauen[34]

„Im Koalitionsvertrag: „Deutschlands Zukunft gestalten" wird eine Allianz für Aus- und Weiterbildung angestrebt. Es fehlen allerdings strategische Elemente und konkrete Überlegungen zur Gestaltung der Weiterbildung. So begrüßenswert eine Novellierung des Aufstiegsfortbildungsgesetzes ist, wird dies nicht ausreichen, eine Weiterbildungskultur in Deutschland zu erreichen.

[33] Bundesministerium für Bildung und Forschung: *Berufsbildungsbericht 2014*, a.a.O., S.111ff.
[34] Ebenda, S. 164ff.

Erfreulich ist, dass eine signifikante Steigerung der Weiterbildungsbeteiligung (von 42% auf 49%) zu verzeichnen ist. Allerdings zeigt der „Trendbericht Weiterbildung" weiterhin eine starke soziale Spaltung im Weiterbildungssystem.

Gut ausgebildete junge Männer mit Vollzeitstellen können ihr Wissen ständig auffrischen. Wer Teilzeit arbeitet, geringfügig beschäftigt ist, wenig verdient und keinen guten Schulabschluss hat, bekommt auch später deutlich weniger die Chance zur Weiterbildung. Dabei werden Betriebe angesichts des demografischen Wandels darauf angewiesen sein, gerade die bisher benachteiligten Gruppen zu qualifizieren, um ihren Fachkräftebedarf zu decken."

Die Weiterbildung wird aus zahlreichen Gründen strategischer gestaltet werden müssen – wegen des demografischen Wandels und des Anstiegs der Zahl der Migranten, wegen der relativ vielen geringer Qualifizierten und des schnellen technischen und globalen Wandels. Dieser Situation/ diesen Umständen müssen die Unternehmen strategisch begegnen – es müssen Strukturen eines Bildungsmanagements von staatlicher Seite und unternehmerischer Seite installiert / aufgebaut werden, die diesen strategischen und operativen Bildungsprozess beherrschen können.

Die Weiterbildung muss für alle Bevölkerungsschichten zu erreichen sein, da eine sogenannte „Zwei-Klassen-Gesellschaft" wirtschaftlich, gesellschaftlich sowie politisch nicht gewollt sein kann.

3. Methoden zur Messung des Weiterbildungserfolgs

Für die KMU´s müssen die Weiterbildungen messbar und erfolgreich für das Unternehmen sein.

Von Bedeutung ist die Messung der ökonomischen Formalziele, wie z.B. das Budget, die Kostensenkung und die Wirtschaftlichkeit etc. Weiterhin sollen die inhaltlichen, betriebspädagogischen Sachziele mit einbezogen werden.

Folgende Messfaktoren sind sinnvoll zu benennen und auch messbar zu machen:[35]

- Darstellung des Bildungsbudgets in Geld und Zeiteinheiten inkl. Soll-Ist-Vergleichen
- Evaluierung der besuchten Weiterbildungen durch die Mitarbeiter (Zufriedenheitssicherung)
- Evaluierung des Lernerfolgs (Wissensüberprüfung, Lernerfolgssicherung)
- Evaluierung des Lerntransfers (Wirksamkeitsüberprüfung, Lerntransfersicherung)

Diese Messfaktoren müssen operationalisiert werden – Ziel ist es hierbei allgemein, komplexe und/oder nicht direkt beobachtbare Sachverhalte empirisch erfassbar zu machen.[36]

[35] Hölbling, Gerhart; Stößel, Dieter; Bohlander, Hanswalter: *Bildungscontrolling – Erfolg messbar machen.* – Bertelsmann Verlag, Band 33, Bielefeld, 2010, S. 76ff.

[36] Wolf, David: (2013): *Bildungscontrolling*, a.a.O., S. 45ff.

3.1 Bildungsbudget und Bildungskosten prüfen, messen und kontrollieren

Die Kosten der Weiterbildungsmaßnahmen sind direkt zurechenbar und meistens unproblematisch und relativ exakt erfassbar. Diese entstehen unmittelbar und sind ohne Probleme verrechenbar.

Hier soll eine Kostenaufstellung mit direkten und indirekten Kostenarten durchgeführt werden (siehe folgende Abbildung) – als Ergebnis soll diese Kostenaufstellung (Nachkalkulation) mit der Vorkalkulation verglichen werden, um eine Abweichung in % und absolut zu ermitteln.

Diese Abweichung soll in einem geplanten Toleranzrahmen der operativen Planziele für Weiterbildungsmaßnahmen liegen – somit ist hier eine Kontrolle dieser Planziele möglich – ebenso ist eine Gegensteuerungsmöglichkeit bei zu großer Abweichung an dieser Stelle vorhanden, um dennoch das operative Planziel zu erreichen.

Die Kostenerfassung und die dazugehörige Kalkulation sollte vom Personalleiter, Bildungscontrolling oder Bildungsmanager bearbeitet und verantwortet werden. Die Aufstellung in Abbildung 2 (S. 34) könnte in der Realität eingesetzt werden.

Die indirekten Kosten werden meist pauschal erhoben. Sie liefern Informationen zur Ermittlung der Gesamtkosten. Zu diesen zählen z.B.:

- Gehaltsfortzahlungen der Seminarteilnehmer
- Gehaltsfortzahlungen für interne Dozenten
- Kosten durch Vertretung oder Aushilfen
- Kosten für Überstunden
- Kostenpauschale für die Dienstleistung der Personalentwicklung
- Produktionsausfall des Seminarteilnehmers (z. B. über Stückzahlen, Arbeitseinheiten)

KALKULATION WEITERBILDUNGSMAẞNAHME			
Kostenart	**Vorkalkulation €**	**Nachkalkulation €**	**Abweichung %**
Direkte Personalkosten			
• Löhne/Gehälter WB und/oder Personalabteilung			
• Löhne/Gehälter für interne Referenten/Ausbilder			
Direkte Sachkosten			
• Seminargebühr (externe Seminare)			
• Gebühren für Prüfungen			
• Honorar für externe Referenten			
• Raumkosten (Tagungshotel)			
(kalkulatorische Kosten)			
• Reisekosten			
Für Teilnehmer			
Für WB-/Personalabteilung – Personal			
Für Referent			
• Kosten Verpflegung/Unterkunft			
Tagungspauschale Teilnehmer (Hotel)			
Tagungspauschale Teilnehmer (intern)			
Tagungspauschale/Referent			
Übernachtung Teilnehmer			
Übernachtung Referent			
• Kosten Material/Medien			
Arbeitsunterlagen			
Miete für Medien			
Anteiliger Kaufpreis Medien			
Zwischensumme 1			
Indirekte Personalkosten			
• Fortzahlung Löhne/Gehälter der Teilnehmer			
• Zusatzkosten für Teilnehmer (z. B. Überstundenausgleich)			
• (Opportunitätskosten Teilnehmer)			
Indirekte Sachkosten			
• Anteilige Mietkosten Büro			
• Anteilige Gemeinkosten			
• Anteilige Abschreibungen auf Lernmittel/Medien			
Zwischensumme 2			
Kosten (Z1+Z2) Weiterbildungsmaßnahme			
Kosten je Teilnehmer			

Abbildung 2: Bildungscontrolling, Instrumente, RKW Baden-Baden-Württemberg[37]

[37] ZIPPERLE, A.; RKW BADEN-WÜRTTEMBERG: *Bildungs-Controlling*, Kompetenzzentrum. – Stuttgart, 2013, S. 71

Neben den Informationen für die Gesamtkosten der betrieblichen Weiterbildung, werden diese Informationen verwendet, um Folgekosten zu ermitteln, die bei Investitionen entstehen können. Z.B. Investitionen in eine neue Fertigungsanlage, Erweiterung oder Umgestaltung von Dienstleistungen, Einführung neuer EDV-Programme.

3.2 Kosten-Nutzen-Berechnungen (ROI=Return on Investment) zur Sicherung des Unternehmenserfolgs

Bei der Kosten-Nutzen-Analyse (Cost-Benefit-Analyse)[38] werden Kosten und Nutzen einer Weiterbildungsmaßnahme gegenübergestellt. Sie ermöglicht, den Erfolg einer Weiterbildung im Sinne von Unternehmenserfolg in Geldwert anzugeben. Nutzen ist dabei ein Maß für die Leistungsänderung der Teilnehmer auf der Ebene des Geschäftserfolgs in Folge einer Weiterbildungsmaßnahme. Er wird in diesem Zusammenhang nicht als ein Maß der subjektiven Bedürfnisbefriedigung verstanden, sondern als Geldwertgröße und wird hierbei mit Ertrag gleichgesetzt.

Die Kosten einer Weiterbildungsmaßnahme sind in der Regel unproblematisch und relativ exakt erfassbar, da sie dieser direkt zurechenbar sind. Sie entstehen unmittelbar und sind ohne Schwierigkeiten verrechenbar.

Die Indikatoren für den Nutzen sind hingegen schwer oder gar nicht quantifizierbar. Während die Kosten einer Weiterbildung unmittelbar entstehen, wird der Nutzen oft erst mit einer mehr oder weniger großen zeitlichen Verzögerung sichtbar. Kurzfristig ist eine Ermittlung des Nutzens sehr problematisch, da Abrechnungsperiode und Wirkungsperiode zeitlich auseinander fallen. Außerdem lässt sich oft kein direkter Zusammenhang zwischen Bildungsmaßnahme und Unternehmenserfolg nachweisen. Nachgewiesen ist dagegen, dass durch Weiterbildung die Wettbewerbsfähigkeit eines Unternehmens erhöht wird.

---

[38] Käpplinger, B. (2009): *Kosten und Nutzen in der betrieblichen Weiterbildung*, a.a.O., S. 55ff. / Schlicht, J. (2010): *Kosten-Nutzen-Analyse*, a.a.O., S. 78ff.

Um den wirtschaftlichen Nutzen einer Maßnahme zu erfassen, müssen zuerst geeignete Kennzahlen auf der Basis vorher vereinbarter Ziele gefunden werden. Die Wirkungen eines Trainings, Seminars oder Workshops müssen also quantifiziert werden. Daraus lässt sich dann der Geldwert herleiten. Beispiele hierfür sind:

- Umsatz- bzw. Renditesteigerung
- Reduzierte Kosten durch Qualitätsverbesserungen
- Eingesparte Arbeitszeit / Beschleunigung von Unternehmensprozessen
- Erhöhung der Produktivität
- Prozentualer Rückgang durch Reklamationen / Steigerung der Kundenzufriedenheit
- Rückgang der Arbeitsunfälle
- Rückgang der Fluktuationsrate

Um bestimmte Kennzahlen ermitteln zu können, ist es notwendig, im Vorfeld der Weiterbildungsmaßnahme Unternehmensziele festzulegen, die durch diese Maßnahme verbessert oder erreicht werden sollen. Entscheidend hierbei ist, dass diese Ziele konkret messbar und berechenbar sind sowie dass diesen Messwerten ein monetärer Nutzen zugeordnet werden kann. Solche Ziele könnten beispielsweise sein:

- Senkung der Reklamationsrate
- Effektivere Meetings (Zeitersparnis)
- Senkung der Unfallquote
- Fehlersenkung
- Steigerung der Neukundengewinnung

Natürlich können einer Weiterbildungsmaßnahme auch mehrere Unternehmensziele zugrunde gelegt werden.

Aus Kostenvergleichen mit einem Referenzzeitraum kann dann eine Zuordnung des Geldwertes erfolgen.

Zum Beispiel setzt sich das Unternehmen zum Ziel, den Ausschuss zu senken. Nun werden die entstandenen Kosten durch Ausschuss in einem bestimmten Zeitraum vor dem Seminar mit den entstanden Kosten für Ausschuss nach dem Seminar verglichen. Dabei sollte die gleiche Zeitspanne gewählt werden. Die Kostendifferenz aus beiden stellt den Deckungsbeitrag, der durch die Weiterbildung erreicht werden konnte, dar. Wurden Einsparungen erzielt, hat die Weiterbildungsmaßnahme zum Unternehmenserfolg beigetragen.

Auch ist der Einsatz von Kontrollgruppen möglich. Aus Vergleichen zwischen einer Gruppe von Seminarteilnehmern und der Kontrollgruppe (Mitarbeiter, die nicht an der Weiterbildungsmaßnahme teilgenommen haben) lässt sich der durch die Weiterbildung erzielte Deckungsbeitrag berechnen.

Zur Berechnung des Nutzens existieren mehrere Formeln, von denen sich bis jetzt noch keine eindeutig durchgesetzt hat.

Im Folgenden wird ein Beispiel zur Berechnung aufgezeigt:

RENTABILITÄTSRECHNUNG NACH MEYER:

$$AR_B = \frac{D_{BA} \times 100}{K_A} \; [\%]$$

AR_B	betriebswirtschaftliche Ausbildungsrendite
D_{BA}	durch Ausbildung erzielte Deckungsbeiträge
K_A	eingesetztes Kapital in Form von Kosten der Ausbildung

Mit Hilfe der Vergleichsrechnung ist es möglich, detaillierte Aussagen über die Effizienz von Bildungsmaßnahmen zu treffen. Durch die Aus- oder Weiterbildungsrendite kann der Ertrag des eingesetzten Kapitals für eine Weiterbildungsmaßnahme ermittelt werden. Dabei werden die Einzahlungen zu den Auszahlungen in Verhältnis gesetzt.

Eine Weiterbildungsmaßnahme kann auch positive Auswirkungen haben, die kaum oder nicht messbar sind,[39] einen finanziellen Aufwand aber dennoch rechtfertigen. Hierzu zählen unter anderem Mitarbeiterzufriedenheit oder eine veränderte Einstellung zum Lernen mit günstigem Einfluss auf die Lernkultur im Unternehmen. Diese Wirkungen sind einer quantitativen Kosten-Nutzen-Analyse wie in unserem Beispiel allenfalls indirekt zugänglich, was aber nicht bedeutet, dass diese keinen ökonomischen Nutzen für das Unternehmen haben. Weitere Beispiele sind:

- Verbesserte Kommunikation
- Bessere Teamarbeit
- Besserer Kundenservice
- Weniger Konflikte
- Höhere Identifikation mit dem Unternehmen

Dieser Nutzen sollte ebenfalls erfasst werden[40] (möglich sind hier Befragungen der Mitarbeiter, Kunden und Führungskräfte oder Beobachtungen) und in die Kosten-Nutzen-Analyse mit einfließen.

Nachfolgend werden beispielhafte Empfehlungen bezüglich einer Handhabung bei Kosten-Nutzen-Betrachtungen dargestellt.

1. Das Formular „Nutzen-/Kosten-Betrachtung“ bilanziert: Fähigkeitszuwachs der Weiterbildungsteilnehmer, erreichte Ziele und realisierter Nutzenbeitrag werden in Beziehung zum Ausgangszustand vor Beginn der Weiterbildungsmaßnahme gesetzt.
2. Das Nutzen-/Kostenverhältnis der Investition in die Weiterbildungsmaßnahme ist – wenn die drei Instrumente gemeinsam eingesetzt werden – eine gut fundierte Schätzgröße, wie dies auch bei anderen Investitionsarten der Fall ist. Insbesondere die Summe aller Erträge

[39] REUTER, R.: *Bildungs-Controlling: Transparenz für den Erfolg von Weiterbildungsmaßnahmen.* – GBI-Genios Verlag, 2012, S. 94ff. / SCHMITT, A.: *Wirtschaftlichkeit von Weiterbildungen.* – VDM Verlag, 2012, S. 101ff.

[40] Ebenda

der Weiterbildungsmaßnahme im Zähler des Bruchs unter Punkt 4 muß von der verantwortlichen Führungskraft auf der Basis des realisierten Nutzenbeitrages geschätzt werden.

3. Der qualitative Nutzenbeitrag einer Weiterbildungsmaßnahme kann nicht rechnerisch ermittelt, sehr wohl aber von der verantwortlichen Führungskraft (und nur von dieser) beurteilt werden. In manchen Fällen kann er wichtiger sein als der quantifizierte Nutzenbeitrag.
4. Der richtige Zeitpunkt für die Bilanzierung der Ergebnisse einer Weiterbildungsmaßnahme hängt von der Umsetzungsdauer ab, die dem Transferplan entnommen werden kann.
5. Auf keinen Fall sollte vergessen werden, auch den Weiterbildungsteilnehmern ein bilanzierendes Resumee mitzuteilen.
6. Das Formular wird von der verantwortlichen Führungskraft und vom Personalleiter gemeinsam ausgefüllt. Es bildet eine nützliche Grundlage für seine Berichte.
7. Falls im Unternehmen ein übergeordnetes jährliches Controlling aller Weiterbildungsmaßnahmen gemacht wird, bilden die Nutzen-Kostenbetrachtungen der einzelnen Weiterbildungsmaßnahmen dafür einen wichtigen Input.

Einfaches und realisierbares Bildungscontrolling für KMU´s könnte sein:

Bildungscontrolling ist ein Instrument zur

1. **Optimierung der Planung:** sind Bedarfe bekannt und können Bildungsmaßnahmen in Art und Umfang geplant werden? Selbst das training on the job bedarf einer Vorbreitung, damit der „Lehrer“ sich auf diese Aufgabe einstellen und vorbereiten kann. Bei externen Bildungsmaßnahmen müssen z. B. Termine und Anmeldefristen berücksichtigt werden.
2. **Steuerung und Durchführung der betrieblichen Weiterbildung:** Welchen Umfang wird die Weiterbildung insgesamt haben? Welche Finanz- und Zeitbudgets sind zu kalkulieren

3. **Ermittlung des Weiterbildungsbedarfes:** Sind Unternehmensziele, Entwicklungen der Dienstleistungen oder Produkte und individuelle Zielvereinbarungen aufeinander abgestimmt?
4. **Zielbestimmung der Weiterbildung:** Welche Rolle spielt die Weiterbildung im Unternehmen? Was wird erwartet?
5. **Konzeption, Planung und Durchführung von Bildungsmaßnahmen:** Umfang und Art planen, Themen bestimmen, Trainer und Räume finden etc., sowie die Abstimmung mit Zeitfenstern der Teilnehmer
6. **Erfolgskontrolle und Sicherung des Transfers ins Arbeitsleben:** Wird hier sporadisch und im Einzelfall nachgefragt – was wenig Aufwand bedeutet und Interesse signalisiert? Oder passen aufwendige zeit- und kostenintensive Verfahren zur Größe des Unternehmens?

Die Punkte 1-5 sind diejenigen, die in KMU geleistet oder zumindest überdacht werden sollten, um die Mitarbeiter/innen auf aktuelle Anforderungen vorzubereiten bzw. die vorhandenen Qualifikationen an den tatsächlichen Bedarf anzupassen.

Dazu bieten sich verschiedene Regelkreise und Prozessketten an. Für das Bildungscontrolling haben sich folgende Schritte für den Bildungsprozess bewährt:

1. **Zielbestimmung** – ergibt sich aus der Kombination von Zielen der Gesamtorganisation (übergeordnete strategische Ziele) und den Zielen der Personalentwicklung (Entwicklung der Personaldecke, Weiterbildung im Rahmen organisatorischer Veränderungen und Investitionen, Weiterbildungsbudget)
2. **Bedarfsanalyse** – ergibt sich aus den erkennbaren und erforderlichen Entwicklungen bezüglich der individuellen Qualifikationen
3. **Konzeption** – aus Schritt 1 und 2 können die inhaltlichen Schwerpunkte, die betroffenen Bereiche und Mitarbeiter/innen sowie der Kostenrahmen abgeleitet werden

4. **Durchführung** – hierzu zählen die Auswahl geeigneter Weiterbilder, die Entscheidung zur passenden Weiterbildungsform (training on the job, externe WB, Inhouse-seminar, Coaching etc.), zeitgenaue Durchführung, Absprache mit der Abteilung
5. **Transfersicherung/Erfolgskontrolle** – je nach Größe des Unternehmens reichen die Erfolgskontrollen von einer formlosen mündlichen Rückfrage/Erkundigung über die 360-Grad-Befragung bis zur umfangreichen und kosten- und personalintensiven Evaluation

4. Qualitätskontrolle – Qualitätszirkel als Handlungsempfehlung für das Weiterbildungscontrolling zur Realisierung der Weiterbildungsmaßnahmen in KMU´s

Prozessschritte	Qualitätsleitfragen	Instrumente	Verantwortliche
1. Auftragsklärung (Zielzustand und angestrebter Nutzen)	Ist-Qualifikationen der Mitarbeiter in den jeweiligen Abteilungen	► Personalakte ► Ist-Abfrage	► Abteilungsleitung ► Personalabteilung
	Benötigte Zielqualifikationen in den jeweiligen Abteilungen	► Strategische BSC-Zielplanung ► Bildungsplanung	► Unternehmensleitung ► Personalabteilung ► Fachabteilung ► **Controlling**
	Was soll nach Abschluss der Weiterbildungsmaßnahme anders sein als bisher und woran wird man das erkennen können?	► Wirkung der Weiterbildungsmaßnahme auf strategische Erfolgsgröße ► Wirkung auf operativer Ebene/ Geschäftsprozesse / Kernprozesse Wirkung der W-Maßnahme auf unterstützende Geschäftsprozesse ► Optional bei Zielgruppe Führungskräfte: Wirkungsspektrum / beabsichtigte Wirkung einer Führungskräfteschulung	► Personalabteilung ► Fachabteilung
	Welcher Nutzenbeitrag wird von der	► Nutzendarstellung konkret für die künftige Arbeitsleistung	► Personalabteilung ► Fachabteilung

	Weiterbildungs-maßnahme erwartet?		
	Welchen Beitrag leistet die W-Maßnahme zur Umsetzung strategischer Unternehmens-ziele?	► Beitrag/Nutzen in Bezug zu strateg. Zielen darstellen	► Fachabteilung ► Unternehmens-leitung ► **Controlling**
2. Art und Umfang der Weiterbildungs-maßnahme festlegen	Welche Weiterbildungsart ist für die Ziele und beabsichtigten Wirkungen am besten geeignet und in welchem Umfang wird sie benötigt?	Auswahl einer geeigneten Weiterbildungsform	
	Welcher Weiterbildungsanbieter wäre passend?	Auswahl der Weiterbildungsanbieter – Nutzwertanalyse der Anbieter erstellen Musterprofil eines Anbieters erstellen	► Personal-abteilung ► Fachabteilung ► **Controlling**
3. Lernsetting Lernerfolg Lernerfolgssi-cherung	Referentenauswahl	Nutzwertanalyse der Referenten erstellen	► Personal-abteilung ► Fachabteilung ► Führungskraft
	Was müssen die Teilnehmer lernen, damit die Weiterbildungsziele / U-Ziele realisiert werden Können?	► konkrete Lernerfolgsdarstellung = Ergebnis der WB	► Personal-abteilung ► Fachabteilung ► Führungskraft
	Lernerfolgssicherung	► Prozessablaufdarstellung der Lernerfolgsmessung	► Personal-abteilung ► Fachabteilung ► Führungskraft ► **Controlling**

4. Transferplan formulieren	Welche Aufgaben nehmen die Teilnehmer im Anschluss an die WB unter Anwendung der Lernergebnisse am Arbeitsplatz wahr?	► Lernerfolg-Lernergebnis-Transfer auf den Arbeitsplatz definieren / darstellen / skizzieren	► Führungskraft ► Mitarbeiter
	Welche angewendeten und verbesserten Arbeitsergebnisse sollen dabei erzielt werden?	► Transfersteuerung und Transfersicherung auf den Arbeitsplatz darstellen	► Führungskraft ► Mitarbeiter
	Wer unterstützt die TN beim Transfer und wer überprüft die Transfersicherung?	► Transfersteuerung und Transferteilnehmer darstellen ► Transfermaßnahmen darstellen ► Transferkontrollen darstellen	► Führungskraft ► Mitarbeiter ► **Controlling**
5. Auftragskalkulation Nutzen / Kosten-Einschätzung/ Kostenerfassung	Welche Kostenarten fallen an und wie hoch werden diese kalkuliert?	► Kostenerfassung und Kostenkalkulation aufstellen	► Personalabteilung ► Fachabteilung ► Führungskraft ► **Controlling**
	Welcher Nutzen wird für das Unternehmen erwartet (siehe unter Auftragsklärung) und wie hoch (Ertrag) wird er bewertet?	► Kosten / Nutzen-Analyse in messbaren Ertrags-Werten darstellen	► Personalabteilung ► Fachabteilung ► Führungskraft ► **Controlling**
	Sind alle relevanten Planungsschritte getan, um einen WB-Auftrag zu erteilen?	► Prozessschritte überprüfen ► Auftrag für eine WB erteilen	► Personalabteilung ► Geschäftsführung ► **Controlling**

6. Weiterbildungsmaßnahme durchführen und bewerten / Ergebnisse bewerten	Wurde die WB wie geplant durchgeführt? Gab es Abweichungen und welche Bedeutung haben sie? Ergeben sich neue Impulse für den bestehenden Transferplan?	► Maßnahmebewertungsplan ► Beurteilung / Feedbackplan ► Fragen / Themen der Reflexionsrunde planen	► Personalabteilung ► Führungskraft
7. Lernerfolgsplan eingehalten	Wurde der geplante Lernerfolg bei den TN erreicht? Konnte der Lernerfolg gesichert werden?	► Lernerfolgskontrolle (Feedback, Tests, Gespräche etc.) ► Lernerfolgsmessung am Arbeitsplatz	► Fachabteilung ► Führungskraft ► Mitarbeiter ► **Controlling**
8. Transferplan eingehalten und umgesetzt	Wurde der geplante Transfer am Arbeitsplatz erreicht? Finden die Transferkontrollen statt?	► Transferplan ► Arbeitsproben ► Mitarbeitergespräche etc. ► Transfersicherungsmaßnahmen	► Fachabteilung ► Führungskraft ► Mitarbeiter ► **Controlling**
9. Nachkalkulation	Welche Veränderungen der Nutzen-Kosten-Relation ergeben sich gegenüber der Vorkalkulation / Vorbetrachtung? Welche Kostenarten haben sich verändert gegenüber der Planung?	► Kostenerfassungsabgleich ► Kostenkalkulationsabgleich ► Nutzen-Kosten-Abgleich	► Personalabteilung ► Führungskraft ► Fachabteilung ► Controlling
10. Werte – Kennzahlen aufbauen	Unternehmensziele können erreicht werden? Bildungsziele können erreicht werden?	► Wirkung der WB ► Zielabgleich ► Wertschöpfung darstellen ► ROI darstellen	► Geschäftsführung ► Führungskraft ► Fachabteilung ► **Controlling**

	Abteilungsziele können erreicht werden? BSC-Ziele / strategische Ziele können erreicht werden? Ergibt die WB einen Wertschöpfungsbeitrag?		
11. Abgleich der Kennzahlen mit der BSC	Sind die strategischen Unternehmensziele erreicht?	► BSC-Ziele-Abgleich mit den ermittelten Kennzahlen	► Geschäftsführung ► **Controlling**
12. Evaluation	Kosten / Nutzen - Erkenntnisse Wertschöpfungserkenntnisse Lernerfolgssicherungserkenntnisse Transfererfolgserkenntnisse Sonstige Erkenntnisse	► Erkenntnisse zusammenstellen ► Prozesse hinterfragen ► Nutzen hinterfragen ► Anbieter hinterfragen ► Feedback / Intervallgespräche	► Geschäftsführung ► Fachabteilung ► Führungskraft
13. Reporting an Hierarchie - Ebenen	Wer muss / sollte von welchen WB-Ergebnissen und WB-Erkenntnissen in welcher Form Kenntnis erhalten?	► Reportingmodus adressatengerecht und zielorientiert formulieren ► Datenbankprogrammierung / Datenpool darstellen für MIS-Reporting	► Geschäftsführung ► **Controlling** ► Personalleiter

Abbildung 3: eigene Darstellung, Qualitätszirkel als Handlungsalternative im Weiterbildungscontrolling

Dieser Qualitätszirkel ist als eine Empfehlung für Bildungsmanager anzusehen – er soll an alle Prozessschritte im Weiterbildungsbereich und an die Leitfragen in den Prozessen erinnern. Die genannten Instrumente sind bewährte praktikable Handhabungen, die den Prozessen als Unterstützung dienen können.

5. FAZIT

Das Bildungscontrolling befindet sich im Spannungsfeld zwischen Ökonomie und Pädagogik. Es sollen qualitative Aspekte quantitativ beurteilt und bewertet werden.

Darin steckt ein offensichtlicher Widerspruch, der von einigen Personalentwicklern/innen als Argument gegen ein umfangreiches Bildungscontrolling angeführt wird.

Aus der Sicht anderer Personalentwickler/innen spricht aber für das Bildungscontrolling, dass die Datenerhebung und die Datenanalyse, die das Bildungscontrolling leistet, eine fundierte Grundlage und Planungssicherheit für den effektiven und effizienten Umgang mit dem Weiterbildungsbudget ermöglicht.

Außerdem können Erkenntnisse zur Qualität der Bildungsanbieter gewonnen und Störungen im Abteilungsgeschehen sichtbar werden.

Grundsätzlich ist das Bildungscontrolling aber als Unterstützung für die Personalentwicklung oder die Weiterbildungsverantwortlichen zu verstehen. Instrumente aus diesem Themenfeld können dabei helfen, Weiterbildung zukunftsorientiert und zielgenau zu gestalten.

Die Grenzen des Weiterbildungscontrollings liegen klar in der langfristigen Planungsausrichtung im Bildungsbereich, da die KMU´s die finanziellen und personellen Ressourcen hierfür nicht besitzen.

Weitere Grenzen befinden sich in der Markt- und Konkurrenzsituation, in der sich die KMU´s befinden, so dass sie die größeren Möglichkeiten der Großunternehmen hinnehmen müssen, da diese a. einen längerfristigen und größeren Finanzspielraum haben und b. attraktivere und zukunftsfähigere / sichere Arbeitgeber sind und somit die besser ausgebildeten Arbeitnehmer binden können.

Weitere Grenzen befinden sich im demografischen Wandel, der immer älter werdenden Bevölkerung mit immer weniger werdenden Fachkräften, die naturgemäß eine zukunftsträchtigere Alternative eher bei den Großunternehmen sehen als bei den KMU´s.

Die Möglichkeiten sind ebenso klar definiert – die KMU´s müssen ihr Personal selbst in der Erstausbildung ausbilden und mittelfristig an sich binden, z.B. durch bessere Entwicklungsmöglichkeiten, bessere Aufstiegsmöglichkeiten, besserer Bezahlung und durch flache Hierarchien, die es den Mitarbeitern eher ermöglichen, sich zu entwickeln – dies macht eine große Attraktivität auf Seiten der KMU´s aus.

Eine weitere Möglichkeit im Weiterbildungscontrolling liegt in einer strukturierten Qualitätsplanung (siehe Qualitätszirkel) – die mittel- bis langfristig zu sehen ist – hierbei ist das Controlling unterstützend einzubinden.

Weiterhin können die Weiterbildungsmaßnahmen sehr strukturiert und schnell in kleinen/mittleren Unternehmen umgesetzt werden – Arbeitserfolge sind schnell ersichtlich (kleine Hierarchien) – Erfolge lassen sich schnell als „Bildungserfolg“ messen und ersehen. Hierdurch wird auch eine gewisse Arbeitsbefriedigung bei den Mitarbeitern erzeugt, die generell mehr Sinn in ihren Weiterbildungen sehen, was wiederum zu einer eventuellen höheren Unternehmensbindung führen könnte.

Literatur

Arnold, R.: *Von der Erfolgskontrolle zur entwicklungsorientierten Evaluierung.* – In: Münch, J. (Hrsg.): *Ökonomie betrieblicher Bildungsarbeit.* – Schneider Hohengehren Verlag, 2009.

Bundesministerium für Bildung und Forschung: *Berufsbildungsbericht 2014, Wichtigkeit der Messung von Weiterbildungsmaßnahmen in Unternehmen.* – Berlin, 2014.

BIBB: *Datenreport zum Berufsbildungsreport.* – Bertelsmann Verlag, Bielefeld, 2013.

Bohlander, H.W.; Hölbing, G.; Stößel: *Bildungscontrolling: Erfolg messbar machen.* – ZBW Verlag, 2009.

Büser, T.; Gülpen, B.: Rendite durch ein dreitägiges Training?, In: Gust, M.; Weiß, R.: *Praxishandbuch: Bildungscontrolling für exzellente Personalarbeit, Methoden, Instrumente, Unternehmenspraxis.* – USA, Europa, 2010.

Eichenberg, M.: *Qualitätssicherung in der Personalentwicklung und ihr Transfer.* – 2013.

Fritz, L.: *Bildungscontrolling: Ein wichtiger Bereich der Personalentwicklung.* – Diplomica Verlag, 2012.

Gessler, M.: *Handlungsfelder des Bildungsmanagements.* – Münster, 2009.

Hasselborn, M.; Baethge, M.; Füssel, H.-P.; Hetmeier, H.-W.; Kühne, S.; Maaz, K.; Rauschenbach, T.; Rockmann, U.; Seeber, S.; Wolter, A.: *Bildungsberichterstattung, Bildung in Deutschland.* – Kohlhammer Verlag, 2014.

Hölbling, Gerhart; Stößel, Dieter; Bohlander, Hanswalter: *Bildungscontrolling – Erfolg messbar machen.* – Bertelsmann Verlag, Band 33, Bielefeld, 2010.

Käpplinger, B.: *Kosten und Nutzen in der betrieblichen Weiterbildung: Bildungscontrolling = Kostencontrolling?.* – Bertelsmann, Bielefeld, 2009.

Kauffeld, S.: *Nachhaltige Weiterbildung. Betriebliche Seminare und Trainings entwickeln, Erfolge messen, Transfer sichern.* – Springer Verlag, 2010.

KORFF, M: *Personalentwicklung in der Kommunalverwaltung*. – Igel Verlag, 2014.

KREKEL, E.: *Bedeutung des Bildungscontrollings in der betrieblichen Praxis – Ergebnisse einer schriftlichen Betriebsbefragung*. – Bertelsmann Verlag, Bielefeld, 2005.

KREKEL, E.; SEUSING, B.: *Bildungscontrolling – ein Konzept zur Optimierung der betrieblichen Weiterbildung*. – Bertelsmann Verlag, Bielefeld, 2001.

LANG, K.: *Bildungs-Controlling – Personalentwicklung effizient planen, steuern und kontrollieren*. – Linde Verlag, 2006.

LAU, V.: *Personalentwicklung: Grundlagen, Prozesse, Outsourcing*. – Steinbeis Edition, 2012.

LOEBE, H.; SEVERING, E.: *Forschungsinstitut Betriebliche Bildung, Qualifizierungsberatung in KMU: Förderung systematischer Personalentwicklung*. – Bertelsmann Verlag, Bielefeld, 2012.

MEIFERT, M.: *Strategische Personalentwicklung*. – Springer Gabler Verlag, 2013.

MÜLLER, V.: *Arbeitnehmerentwicklung und Arbeitnehmerführung durch interne und externe Weiterbildungsmaßnahmen*. – GRIN Verlag, 2013.

REUTER, R.: *Bildungs-Controlling: Transparenz für den Erfolg von Weiterbildungsmaßnahmen*. – GBI-Genios Verlag, 2012.

SCHMITT, A.: *Wirtschaftlichkeit von Weiterbildungen*. – VDM Verlag, 2012.

SCHÖNI, W.: *Handbuch Bildungscontrolling – Steuerung von Bildungsprozessen in Unternehmen und Bildungsinstitutionen*. – Ruegger Verlag, 2009.

SCHÜBBE, F.: *Personalkennzahlen: Vom Zahlenfriedhof zum Management-Dashboard*. – Bertelsmann Verlag, Bielefeld, 2011.

STANGLER, M.: *Die Steuerung und Kontrolle von Lernprozessen in Unternehmungen*. – GRIN Verlag, 2011.

BUNDESINSTITUT FÜR BERUFSBILDUNG: *Statistik der Bundesagentur für Arbeit, Erhebung zum 30. September 2013, Berechnungen des BIBB 2014*. – Berlin 2014.

STATISTISCHE BUNDESAMT: *Statistisches Jahrbuch für die Bundesrepublik Deutschland.* – Wiesbaden, 2014.

WEBER, B.: *Evaluation Betrieblicher Weiterbildung: Entwicklung von Messinstrumenten für das strategische Bildungscontrolling.* – Bildungswert-Verlag, 2014.

WEHRLIN, U.: *Human Resource Management: Grundlagen und Konzepte moderner Personalarbeit im wirtschaftlichen und sozialen Kontext.* – Optimus Mostafa Verlag, 2014.

WEIß, R.: *Bildungsmanagement in betrieblichen Weiterbildungsabteilungen.* – USP International Verlag, 2009.

WOLF, D.: *Bildungscontrolling – Einordnung und Implementierung der Messung von Bildungsprozessen in die Unternehmenspraxis.* – GRIN Verlag, 2013.

ZIEGLER, V.: *Ökonomie der Investition in Fortbildung aus Unternehmersicht.* – GRIN Verlag, 2013.

ZIPPERLE, A.; RKW BADEN-WÜRTTEMBERG: *Bildungs-Controlling,* Kompetenzzentrum. – Stuttgart, 2013.